国家出版基金项目
NATIONAL PUBLICATION FOUNDATION

法国国家附件

Eurocode：结构设计基础

NF EN 1990/A1/NA

[法] 法国标准化协会（AFNOR）

欧洲结构设计标准译审委员会 **组织翻译**
张 婷 **译**
谢 乐 **一审**
刘 宁 **二审**

人民交通出版社股份有限公司

北 京

图书在版编目(CIP)数据

法国国家附件 Eurocode:结构设计基础. NF EN 1990/A1/NA / 法国标准化协会(AFNOR)组织编写 ; 张婷译. — 北京 : 人民交通出版社股份有限公司, 2019.12

ISBN 978-7-114-16149-0

Ⅰ. ①法… Ⅱ. ①法… ②张… Ⅲ. ①建筑结构—结构设计—建筑规范—法国 Ⅳ. ①TU318

中国版本图书馆 CIP 数据核字(2019)第 295526 号

著作权合同登记号:图字 01-2019-7652

Faguo Guojia Fujian Eurocode:Jiegou Sheji Jichu

书　　名:法国国家附件　Eurocode:结构设计基础
NF EN 1990/A1/NA

著 作 者: 法国标准化协会(AFNOR)
译　　者: 张　婷
责任编辑: 钱　堃　王景景
责任校对: 刘　芹
责任印制: 刘高彤
出版发行: 人民交通出版社股份有限公司
地　　址: (100011)北京市朝阳区安定门外外馆斜街 3 号
网　　址: http://www.ccpress.com.cn
销售电话: (010)59757973
总 经 销: 人民交通出版社股份有限公司发行部
经　　销: 各地新华书店
印　　刷: 三河市国新印装有限公司
开　　本: 880×1230　1/16
印　　张: 2
字　　数: 38 千
版　　次: 2019 年 12 月　第 1 版
印　　次: 2019 年 12 月　第 1 次印刷
书　　号: ISBN 978-7-114-16149-0
定　　价: 40.00 元
(有印刷、装订质量问题的图书,由本公司负责调换)

出 版 说 明

包括本标准在内的欧洲结构设计标准(Eurocodes)及其英国附件、法国附件和配套设计指南的中文版,是2018年国家出版基金项目"欧洲结构设计标准翻译与比较研究出版工程(一期)"的成果。

在对欧洲结构设计标准及其相关文本组织翻译出版过程中,考虑到标准的特殊性、用户基础和应用程度,我们在力求翻译准确性的基础上,还遵循了一致性和有限性原则。在此,特就有关事项作如下说明:

1. 本标准中文版根据法国标准化协会(AFNOR)提供的法文版进行翻译,仅供参考之用,如有异议,请以原版为准。

2. 中文版的排版规则原则上遵照外文原版。

3. Eurocode(s)是个组合再造词。本标准及相关标准范围内,Eurocodes特指一系列共10部欧洲标准(EN 1990 ~ EN 1999),旨在为房屋建筑和构筑物及建筑产品的设计提供通用方法;Eurocode与某一数字连用时,特指EN 1990 ~ EN 1999中的某一部,例如,Eurocode 8指EN 1998结构抗震设计。经专家组研究,确定Eurocode(s)宜翻译为"欧洲结构设计标准",但为了表意明确并兼顾专业技术人员用语习惯,在正文翻译中保留Eurocode(s)不译。

4. 书中所有的插图、表格、公式的编排以及与正文的对应关系等与外文原版保持一致。

5. 书中所有的条款序号、括号、函数符号、单位等用法,如无明显错误,与外文原版保持一致。

6. 在不影响阅读的情况下书中涉及的插图均使用外文原版插图,仅对图中文字进行必要的翻译和处理;对部分影响使用的外文原版插图进行重绘。

7. 书中涉及的人名、地名、组织机构名称以及参考文献等均保留外文原文。

特别致谢

本标准的译审由以下单位和人员完成。中交第一公路勘察设计研究院有限公司的张婷承担了主译工作,中交第一公路勘察设计研究院有限公司的刘宁、谢乐承担了主审工作。他(她)们分别为本标准的翻译工作付出了大量精力。在此谨向上述单位和人员表示感谢!

欧洲结构设计标准译审委员会

欧洲结构设计标准译审委员会总体组

组　　　　长：余顺新（中交第二公路勘察设计研究院有限公司）

成　　　　员：（按姓氏笔画排序）

王敬烨（中国铁建国际集团有限公司）

车　铁（大连理工大学）

卢树盛［长江岩土工程总公司（武汉）］

吕大刚（哈尔滨工业大学）

任青阳（重庆交通大学）

刘　宁（中交第一公路勘察设计研究院有限公司）

宋　婕（中国建筑标准设计研究院）

李　顺（天津水泥工业设计研究院有限公司）

李亚东（西南交通大学）

李志明（中冶建筑研究总院有限公司）

李雪峰［上海市城市建设设计研究总院（集团）有限公司］

张　寒（中国建筑科学研究院有限公司）

张春华（中交第二公路勘察设计研究院有限公司）

狄　谨（重庆大学）

胡大琳（长安大学）

姚海冬（中国路桥工程有限责任公司）

徐晓明（航天建筑设计研究院有限公司）

郭　伟（中国建筑标准设计研究院）

郭余庆（中国天辰工程有限公司）

黄　侨（东南大学）

谢亚宁（中设设计集团股份有限公司）

秘　　　　书：李　喆（人民交通出版社股份有限公司）

卢俊丽（人民交通出版社股份有限公司）

FA155320 ISSN 0335-3931

NF EN 1990/A1/NA
2007 年 12 月

法国标准

分类索引号:P 06-100-1/A1/NA

ICS: 91.010.30;91.080.01

法国国家附件
Eurocode:结构设计基础
NF EN 1990/A1:2006

英文版名称:Eurocode—Basis for design—National annex to NF EN 1990/A1:2006

德文版名称:Eurocode—Grundlagen der Tragwerksplanung—National anhangzu NF EN 1990/A1:2006

发布	法国标准化协会(AFNOR)主席于2007年11月14日决定,本国家附件于2007年12月14日生效。
相关内容	本国家附件发布之日,不存在相同主题的欧洲或国际文件。
提要	本国家附件定义了2006年7月发布的NF EN 1990/A1(附录A2:桥梁应用)在法国的适用条件,NF EN 1990/A1是EN 1990:2002/A1:2005在法国的适用版本。
关键词	**国际技术术语**:建筑、土木工程、结构、建造规定、设计、定义、要求、安全、年限、可靠性、耐久性、计算、材料强度、变形、限值、尺寸、验算。

修订

勘误

法国标准化协会(AFNOR)出版发行—地址:11, rue Francis de Pressensé—邮编:93571 La Plaine Saint-Denis
电话:+33 (0)1 41 62 80 00—传真:+33 (0)1 49 17 90 00—网址:www.afnor.org

 AFNOR 2007 2007-12-F 第1次印刷

Eurocode 结构协调委员会　AFNOR P06E

标准化委员会

主席:CALGARO　先生

秘书:CHOLLET-MEYRIEU　先生—AFNOR

委员:(按姓氏、先生/女士、单位列出)

CALGARO	先生	CGPC
BALOCHE	先生	CSTB
BEGUIN	先生	CTICM
BERTHELLEMY	先生	SETRA
BISCH	先生	SECHAUD&METZ—SECHAUD BATIMENT
BOUET GRIFFON	女士	ALCAN CRV
BUI	先生	SETRA
CANEPA	先生	LAB REGIONAL DE L EST PARISIEN
CHABROLIN	先生	CTICM
CHAUVEL	女士	EDF POLE INDUSTRIE—SEPTEN
CHENAF	先生	CSTB
CORTADE	先生	JACQUES CORTADE
DAUBILLY	先生	FNTP
DE CHEFDEBIEN	先生	CERIB
DUPONT	先生	CTMNC
DURAND	先生	UMGO-UNION MACONNERIE GROS OEUVRE
FONTAINE	先生	CGPC—CONSEIL GENERAL PONTS ET CHAUSSEES
FRANK	先生	ENPC-ECOLE NAT PONTS&CHAUSSEES
GAUDIN	先生	EGF BTP
MAGNAN	先生	BNSR
HENRY	先生	BNIB
IZABEL	先生	SNPPA
JAY	先生	DGAC—STAC—SCE TECH AVIATION CIVILE
KRETZ	先生	SETRA
KRUPPA	先生	CTICM

目　　次

前言

(1)本国家附件确定了 NF EN 1990/A1 在法国的适用条件,NF EN 1990/A1 引用了 EN 1990:2002/A1:2005 以及其修正案 A1。EN 1990:2002/A1:2005 由欧洲标准化委员会于 2004 年 10 月 14 日批准,并于 2006 年 12 月 15 日实施。

(2)本国家附件由 Eurocode 结构协调委员会(P06E)编制。

(3)本国家附件:

—为欧洲标准 EN 1990:2002/A1:2005 的下列条款提供国家定义参数(NDP)并允许各国自行选择参数信息。

一般性条款

- A2.1.1 (1)注 3;
- A2.2.1 (2)注 1;
- A2.2.6(1)注 1;
- A2.3.1(1);
- A2.3.1(5);
- A2.3.1(7);
- A2.3.1(8);
- A2.3.1 表 A2.4(A) 注 1 和注 2;
- A2.3.1 表 A2.4(B);
- A2.3.1 表 A2.4(C);
- A2.3.2(1)表 A2.5 注;
- A2.4.1(1);
- 注 1(表 A2.6);
- 注 2;
- A2.4.1(2);

公路桥梁特殊条款

- A2.2.2(1);
- A2.2.2(3);

- A2.2.2(4);
- A2.2.2(6);
- A2.2.6(1)注2;
- A2.2.6(1)注3;

人行桥特殊条款

- A2.2.3(2);
- A2.2.3(3);
- A2.2.3(4);
- A2.4.3.2(1);

铁路桥梁特殊条款

- A2.2.4(1);
- A2.2.4(4);
- A2.4.4.1(1)注3;
- A2.4.4.2.1(4)P;
- A2.4.4.2.2 表 A2.7 注;
- A2.4.4.2.2(3)P;
- A2.4.4.2.3(1);
- A2.4.4.2.3(2);
- A2.4.4.2.3(3);
- A2.4.4.2.4(2)表 A2.8 注3;
- A2.4.4.2.4(3);
- A2.4.4.3.2(6);

—提供非矛盾性的补充信息,便于 NF EN 1990/A1 在构筑物上的应用。

(4)本国家附件应配合 NF EN 1990,并结合 EN 1991 ~ EN 1999 系列欧洲标准及各自的国家附件,以用于新建建(构)筑物的设计。在全部 Eurocodes 国家附件出版之前,如有必要,应针对具体项目对国家定义参数进行定义。

(5)如果 NF EN 1990 适用于公共或私人工程合同,则本国家附件亦适用,除非合同文件中另有说明。

(6)引用条款为 EN 1990/A1 中的条款。

(7)本国家附件给出了"国家定义参数"的范围。本国家附件的其余部分是对欧洲标准在法国的应用进行的非矛盾性补充。

国家附件
(规范性)

NA.1 附录 A2 在法国的应用

通用条款

条款 A2.1.1 总则

条款 A2.1.1(1)注 3

> 除非具体项目另有说明,设计使用年限采用的数值如下所示。
>
> 对于公路桥梁、铁路桥梁、人行桥、公路或铁路挡墙、一般构筑物,设计使用年限均为 100 年。这个年限涉及所有构筑物,它们的具体说明由设计采用的 Eurocodes 来确定,例如预应力混凝土。
>
> 对于临时结构,使用年限规定最少为 10 年。这取决于这些结构实际使用年限,因此在具体项目中,对于使用时间长的结构,要延长设计使用年限。
>
> **通常情况下,可被拆卸并重新使用的结构或者部分结构,不再被视为临时结构。**

注 1:“可替换”是指从设计起始就确定可以被替换的。

对于一些岩土工程或者岩土工程构件(例如锚杆),采用的设计使用年限在相关标准和国家附件中有所规定。

对于木结构人行桥,设计使用年限规定为 50 年。对于易于替换的构件(如挡板、铺板),设计使用年限为 25 年。

注 2:需注意结构设计使用年限与结构构件和设备的使用年限之间的区别。

设计使用年限是整体工程结构计算的基准,它包括结构物的各个部分,比如可替换结构构件或某些设施(例如伸缩缝或支座的风力计算使用的是结构设计使用年限,而不是伸缩缝或者支座的使用年限)。

可替换结构构件(如支座)或某些设施(如伸缩缝、防水层和安全护栏)的产品使用年限与产品说明书或者相关欧洲技术许可(ATE)中明确或隐含的规定一致。通常基于设计使用年限确定这些年限。

如果规定不一致,下表中提供了可替换结构构件(即支座、防水层和安全护栏等设施)使用年限的参考值。

结构设计使用年限(年)	可替换结构构件(支座)和设施(安全护栏或防水层)期望的产品使用年限参考值		
	易于修复或替换的构件	修复或替换困难的构件	不可修复或难以替换的构件
100	10	25	100

对于公路桥梁的伸缩缝,期望的产品使用年限为 5 ~ 10 年。

对于拉索,可参考 EN 1993-1-11 以及 SETRA 出版的《拉索—CIP 推荐》。

条款 A2.2　作用组合

对于桥梁,重力永久作用 G(上部结构除外)的标准值确定如下:

• 通常情况下,它的临时变动较小(设计使用年限期间,材料的重度几乎无变化)。

• 一般情况下,材料的几何不确定性和重度值的不确定性都很小;然而,这些不确定性可能会对某些预应力结构的正常使用极限状态产生显著的影响。

因此:

• 一般情况下,对于承载能力极限状态和正常使用极限状态,结构自重可由某单个标准值 G_k 表示,该值根据公称尺寸和平均单位质量计算得出($G_{ksup} = G_{kinf} = 1.00G$)。

• 然而,无论是现浇的还是现场预制的预应力板和预应力薄梁,对于正常使用极限状态,有必要根据名义值 G 求得 G_{kinf} 和 G_{ksup} 两个值来代表自重。若某具体项目缺少规定值,就需要采用下列值:$G_{ksup} = 1.03G$ 和 $G_{kinf} = 0.97G$。预应力的滞后作用根据 G 的平均值来估计。

• 应区分"覆盖层"的填方(位于桥面板或者桥面板上的填方)和其他填方。对于前者,有必要对重度采取一个限值,可基本涵盖实际高度的不确定性以及其重量对结构作用效应的巨大影响。若某具体项目缺少规定值,则 $G_{ksup} = 1.10G$,$G_{kinf} = 0.90G$。对于其他填方(承台、防水保护层和台背回填上面的填方),为简单起见,可采用单一值 $G_{ksup} = G_{kinf} = G$。

• 此外,当不能认为自重的不确定性较小时,需要明确考虑在承载能力极限状态下和正常使用极限状态下的不确定性(比如衡重式桥台)。

• 可自行决定是否区分可能沉降和随机沉降。验算正常使用极限状态时，随机沉降仅在标准组合中进行考虑。

条款 A2.2.1(2)注 1

国家附件没有规定 EN 1991 应用范围外的其他补充作用组合。

条款 A2.2.2 作用组合——公路桥梁组合规则

条款 A2.2.2(1)

国家附件中没有对非频遇作用组合作出规定。

条款 A2.2.2(3)

在《考虑公路桥梁特殊车辆的指南》中规定了一般交通量下的特殊车辆的组合规则，EN 1991-2 的国家附件的附录中载有该指南。

条款 A2.2.2(4)

在具体项目中，有必要对雪荷载与荷载模型 1 和 2 或者荷载组 gr1a 和 gr1b 的组合作出规定。一般情况下，在非山区，不需要考虑雪荷载与荷载模型 1 和 2 的组合。对于廊桥，需要考虑雪荷载与荷载模型 1 和 2 的组合。

条款 A.2.2.2(5)

根据 NF EN 1991-1-4 的法国国家附件条款 8.1(4)，不允许把作用于桥梁和车辆的风荷载组合值 $\psi_0 F_{Wk}$ 限定为 F_W^*。

当风荷载在作用组合中作为交通量荷载的伴随作用时，根据 NF EN 1991-1-4 的条款 8.3.1.5(a)，基于桥面板高度和交通量计算风荷载 $\psi_0 F_{Wk}$。

对于公路桥梁，当风荷载被认为是主要作用时，根据桥面板高度计算 F_{Wk}，不需要考虑交通量。

条款 A2.2.2(6)注

在法国，一般情况下温度作用和风荷载的作用组合是忽略不计的。在某些特殊情况下，可针对具体项目确定风荷载和温度作用的作用组合。

条款 A2.2.3 作用组合——人行桥组合规定

条款 A2.2.3(2)

在法国,一般情况下温度作用和风荷载的组合是忽略不计的。在某些特殊情况下,可针对具体项目确定风荷载和温度作用的作用组合。

条款 A2.2.3(3)

在具体项目中,有必要对雪荷载与荷载组 gr1 和 gr2 的组合作出规定。一般情况下,在非山区,不需要考虑雪荷载与荷载组 gr1 和 gr2 的组合。对于带顶棚人行桥,需要考虑雪荷载与荷载组 gr1 和 gr2 的组合。

条款 A2.2.3(4)

人行桥的特殊作用组合应针对具体项目确定,在这些桥上,应考虑车流和人流免受极端天气的影响。

条款 A2.2.4 作用组合——铁路桥梁组合规定

条款 A2.2.4(1)

对于廊桥应考虑雪荷载参与作用组合。在铁路桥梁的某些设备中(临空水平挡板、便桥等)需要考虑雪荷载参与作用组合。

条款 A2.2.4(4)

与铁路交通相协调的最大风速限值取决于交通类型、火车类型以及运行速度。根据 NF EN 1991-1-4 中条款 8.1(5),不允许把作用于桥梁和铁路交通上的风荷载组合值 $\psi_0 F_{Wk}$限定为 F_W^{**}。 当风荷载在作用组合中作为交通量荷载的伴随作用时,风荷载 $\psi_0 F_{Wk}$ 根据 NF EN 1991-1-4中条款 8.3.1.5(b),基于桥面板高度和铁路交通量进行计算。 对于铁路桥梁,当风荷载被认为是主要作用时,F_{Wk}同样根据桥面板高度和铁路交通量进行计算。

条款 A2.2.6 作用组合——系数 ψ 的值

条款 A2.2.6(1)注 1

公路桥梁使用的系数 ψ 值在本国家附件表 A2.1(NA)中有所规定,该表替代 EN 1990/A1 的表 A2.1。

人行桥使用的系数 ψ 值为 EN 1990/A1 中表 A2.2 的值。

铁路桥梁使用的系数 ψ 值为本国家附件表 A2.3(NA)的值,该表替代 EN 1990/A1 的表 A2.3。

表 A2.1(NA) **公路桥梁系数 ψ 的值**

作用	荷载组	荷 载 分 量	ψ_0	ψ_1	ψ_2
交通荷载	gr1a[1)]	TS	0.75	0.75	0
		UDL	0.40	0.40	0
		人行道或自行车道荷载	0.40	0.0	0
	gr1b[1)]	单轴	0	0.75	0
	gr2	水平力	0	0	0
	gr3	行人荷载	0	0.40	0
	gr4	人群荷载	0	0	0
	gr5	特殊车辆	0	1.0[2)]	0
风荷载	F_{Wk}	持久设计状况 施工期间	0.60[3)] [4)]	0.20 —	0 0
温度作用	T_k		0.60[5)]	0.60	0.50
雪荷载	$Q_{sn,k}$(施工期间)[6)]		0.80	—	—
施工荷载[7)]	Q_{ca}	施工人员荷载	0	—	0
	$Q_{c其他}$	其他荷载 Q_c	1.0	—	1.0
集中荷载	Q_{fwk}	人行道集中荷载	0	0	0

1) 对于公路交通,给出了 gr1a 和 gr1b 的 ψ_0、ψ_1、ψ_2 的推荐值,其交通与 NF EN 1991-2/NA 中定义的调整系数 α_{Qi}、α_{qi}、α_{qr} 和 β_Q 相对应。

2) 具体项目明确了需考虑的作用组合(特殊专用车辆或特殊标准车辆,以及相关交通条件)。

通常情况,对于持久状况组合,荷载组 gr5(特殊车辆)的作用常用组合系数值 ψ_1 应取 1.0。

对于法国规范关于特殊车辆规定的"标准"特殊车辆,容许取 $\psi_1 = 0.85$。

对于单个项目规定的特殊专用车辆,其中所有这些车辆的通行频率低于每两年 1 次,容许取 $\psi_1 = 0$。如在具体项目中没有对特殊车辆的通行频率作出规定,取值为 $\psi_1 = 1.0$。

3) 对于具体项目,经特殊论证,可采取与 ψ_0 不同的值。可指定 ψ_0 以外的值。

4) 施工阶段的 ψ_0 值取决于主要作用的类型。根据 NF EN 1990/A1 中条款 A2.2.1(10),对于具体项目宜指定施工期间的风荷载和其他作用的组合规定。NF EN 1991-1-6/NA 的条款 3.1(7)给出了某些情况下的指示值。如在具体项目中无明确规定,$\psi_0 = 0.8$。

5) 对于承载能力极限状态 EQU、STR 和 GEO,大多数情况下温度作用的 ψ_0 推荐值可折减为 0。还可参见 Eurocodes。

6) 对于持久状况,参见 NF EN 1991-1-3 和 NF EN 1991-1-3/NA。

7) 同样,见 NF EN 1991-1-6 和 NF EN 1991-1-6/NA。

表 A2.3(NA)　铁路桥梁系数 ψ 的值

<table>
<tr><th colspan="3">作　　用</th><th>ψ_0</th><th>ψ_1</th><th>ψ_2[4]</th></tr>
<tr><td rowspan="11">交通荷载的独立分量[5]</td><td colspan="2">LM 71</td><td>0.80</td><td>[1]</td><td>0</td></tr>
<tr><td colspan="2">SW/0</td><td>0.80</td><td>[1]</td><td>0</td></tr>
<tr><td colspan="2">SW/2</td><td>0</td><td>1.00</td><td>0</td></tr>
<tr><td colspan="2">空载列车</td><td>1.00</td><td>—</td><td>—</td></tr>
<tr><td colspan="2">HSLM</td><td>1.00</td><td>1.00</td><td>0</td></tr>
<tr><td>牵引力和制动力;
离心力;
竖向交通荷载下变形产生的相互作用力</td><td colspan="4">交通荷载被视为单个(多向)主导作用而不是荷载组时,设计状况中交通荷载的独立分量的系数 ψ 值宜与相关的竖向荷载采用的系数相同</td></tr>
<tr><td colspan="2">摇摆力</td><td>1.00</td><td>0.80</td><td>0</td></tr>
<tr><td colspan="2">非公共人行道荷载</td><td>0.80</td><td>0.50</td><td>0</td></tr>
<tr><td colspan="2">实车</td><td>1.00</td><td>1.00</td><td>0</td></tr>
<tr><td colspan="2">由交通荷载产生的水平土压力</td><td>0.80</td><td>[1]</td><td>0</td></tr>
<tr><td colspan="2">气动效应</td><td>0.80</td><td>0.50</td><td>0</td></tr>
<tr><td rowspan="14">主要交通荷载(荷载组)</td><td>gr11 (LM71 + SW/0)</td><td>最大竖向 1 与最大纵向</td><td rowspan="7">0.80</td><td rowspan="7">0.80</td><td rowspan="7">0</td></tr>
<tr><td>gr12 (LM71 + SW/0)</td><td>最大竖向 2 与最大横向</td></tr>
<tr><td>gr13 (制动力/牵引力)</td><td>最大纵向</td></tr>
<tr><td>gr14 (离心力/摇摆力)</td><td>最大侧向</td></tr>
<tr><td>gr15 (空载列车)</td><td>侧向稳定性与空载列车</td></tr>
<tr><td>gr16 (SW/2)</td><td>SW/2 与最大纵向</td></tr>
<tr><td>gr17 (SW/2)</td><td>SW/2 与最大横向</td></tr>
<tr><td>gr21 (LM71 + SW/0)</td><td>最大竖向 1 与最大纵向</td><td rowspan="6">0.80</td><td rowspan="6">0.70</td><td rowspan="6">0</td></tr>
<tr><td>gr22 (LM71 + SW/0)</td><td>最大竖向 2 与最大横向</td></tr>
<tr><td>gr23 (制动力/牵引力)</td><td>最大纵向</td></tr>
<tr><td>gr24 (离心力/摇摆力)</td><td>最大侧向</td></tr>
<tr><td>gr26 (SW/2)</td><td>SW/2 与最大纵向</td></tr>
<tr><td>gr27 (SW2)</td><td>SW/2 与最大横向</td></tr>
<tr><td>gr31 (LM71 + SW/0)</td><td>附加荷载工况</td><td>0.80</td><td>0.60</td><td>0</td></tr>
<tr><td rowspan="2">其他运行作用</td><td colspan="2">气动效应</td><td>0.80</td><td>0.50</td><td>0</td></tr>
<tr><td colspan="2">非公共人行道上的一般维护荷载</td><td>0.80</td><td>0.50</td><td>0</td></tr>
<tr><td>风荷载[2]</td><td colspan="2">F_{Wk}</td><td>1.00</td><td>0.50</td><td>0</td></tr>
<tr><td>温度作用[3]</td><td colspan="2">T_k</td><td>0.60</td><td>0.60</td><td>0.50</td></tr>
<tr><td>雪荷载</td><td colspan="2">$Q_{Sn,k}$(施工期间)</td><td>0.8</td><td>—</td><td>0</td></tr>
<tr><td>施工荷载</td><td colspan="2">Q_c</td><td>1.0</td><td>—</td><td>1.0</td></tr>
</table>

表 A2.3(NA)(续)

作　用	ψ_0	ψ_1	ψ_2[4]

[1] 当只有 1 条轨道加载时,取 0.8;
当 2 条轨道同时加载时,取 0.7;
当 3 条或更多轨道同时加载时,取 0.6。

[2] 当风荷载与交通荷载同时作用时,应只考虑风荷载 $\psi_0 F_{Wk}$。

[3] 见 EN 1991-1-5。

[4] 针对持久和短暂设计状况,如果考虑变形,则对于铁路交通荷载 ψ_2 宜取为 1。对于地震设计状况,参见表 A2.5。

[5] 与铁路交通荷载独立分量同时存在的最小有利竖向作用(例如,离心力、牵引力或制动力)为 0.5 LM71。

条款 A2.2.6(1)注 2

国家附件中没有对非频遇作用组合作出规定。

条款 A2.2.6(1)注 3

如果考虑结构静水效应的作用 F_{Wa},需要根据项目的位置考虑以下水位:

—准永久水位;

—频遇水位(高水位和可能的低水位);

—标准水位(高水位和可能的低水位);

—偶然水位(高水位和可能的低水位)。

准永久水位可定义为荷载在基准期 T_r(T_r = 50 年)被超越概率为 50% 的可能水位。

频遇水位可定义为基准期 T_r 被超越概率为 1% 的水位。

标准水位可定义为相当于 50 年重现期的水位。

注:标准水位对应被超越的概率为 2%/年。

偶然水位针对具体项目确定。

对于已知项目的情况(标准的、偶然的,等),可能需要定义填方侧和临空侧不同水层的水位(比如桥涵在退潮时的情况)。

为了形成作用组合,水作用被视为永久作用,其可变性质通过前述定义的不同项目情况的中间状态进行考虑(即通过选择不同水位)[1]。作用分项系数应用于作用效应,而非应用于项目不同情况中定义的水位。

---

[1] 这个反作用与 C. C. T. G 的 62 分册第 5 章中 A.4 及《结构上的作用　第 1-6 部分:一般作用——施工荷载》(EN 1991-1-6)条款 4.9 采用的反作用是兼容的。

淡水的重度根据 EN 1991-1-1 表 A.10 中的值来确定，除非在具体项目中有不同规定。

流体动力学作用被当作可变作用来处理。

条款 A2.3.1 承载能力极限状态——持久或短暂设计状况下的作用设计值

条款 A2.3.1(1)

在法国，对于公路桥、人行桥和铁路桥，使用的系数 γ 值为本国家附件中的表 A2.4(A)(NA)、表 A2.4(B)(NA)中规定的值，欧洲标准 EN 1990/A1 中表 A2.4(C)对上述值进行了补充。

在法国，对于公路桥、铁路桥和人行桥的计算应用，仅需考虑表 A2.4(B)(NA)中式(6.10)定义的基本作用组合。

条款 A2.3.1(5)

对于公路桥梁和铁路桥梁及其在 STR—GEO(强度—土工极限状态)下的计算基础，宜采用方法 2，除非具体项目中有不同规定。

对于涉及土工作用的 STR(强度极限状态)，以及 GEO(土工极限状态)下计算的岩土工程，所考虑的方法应针对具体项目确定。应用于某些土工作用和地基承载力的分项系数在 NF EN 1997 中或者 EN 1997-1 国家附件中给出。方法 3 可应用于场地的整体稳定性，桩墙、加筋材料挡土墙、土钉墙整体稳定性的验算，以及应用于土体-结构相互作用的数字分析。

条款 A2.3.1(7)

考虑冰压力对桥梁支座产生的作用力的要求，在具体项目中规定。

条款 A2.3.1(8)

对于公路桥梁、人行桥和铁路桥梁，组合系数 γ_p 在项目采用的 Eurocodes 中给出了定义：

—对于预应力钢筋，参见 EN 1992-1-1 的条款 2.4.2.2(和国家附件)；

—对于受拉构件中产生的预应力，参见 EN 1993-1-11 的条款 2.2(2)、条款 5.2(3)和条款 5.3(2)；

—对于在钢与混凝土组合结构支座处施加变形引起的预应力，参见 EN 1994-2 的条款 2.4.1.1(及其国家附件)；

表 A2.4(A)(NA)　作用设计值(EQU)(A 组)

持久和短暂设计状况	永久作用		预应力	主导可变作用[*]	伴随可变作用[*]	
	不利	有利			主要(如果有)	其他
式(6.10)	$\gamma_{Gj,sup} G_{kj,sup}$	$\gamma_{Gj,inf} G_{kj,inf}$	$\gamma_p P$	$\gamma_{Q,1} Q_{k,1}$		$\gamma_{Q,i} \psi_{0,i} Q_{k,i}$
[*]可变作用为表 A2.1(NA)、表 A2.2、表 A2.3(NA)中考虑的作用。						

注 1:对于持久设计状况,公路桥梁、人行桥和铁路桥梁的所有 γ 值为:

永久作用:

$\gamma_{G,sup} = 1.05$　$\gamma_{G,inf} = 0.95$ [*1]

$\gamma_{G,sup} = 1.20$　$\gamma_{G,inf} = 1.00$ 静力效应

γ_P为相关 Eurocode 条款 A2.3.1(8)或者具体项目中规定的推荐值。

可变作用:

$\gamma_Q = 1.35$　对于公路和行人交通作用,不利时(有利时取 0);

$\gamma_Q = 1.45$　对于铁路交通作用,不利时(有利时取 0);

$\gamma_Q = 1.35$　对于桥台及其附近墙壁承受额外交通量时的土压力,不利时(有利时取 0);

$\gamma_Q = 1.50$　对于持久设计状况的所有其他可变作用,不利时(有利时取 0)。

对于短暂设计状况,当存在失去静力平衡的风险时,$Q_{k,1}$代表主导不平衡可变作用,$Q_{k,1}$代表相关的伴随不平衡可变作用。

在施工期间,如果施工过程充分可控,γ 的推荐值为:

永久作用:$\gamma_{G,sup} = 1.05$　$\gamma_{G,inf} = 0.95$[*1][*2]

可变作用:

$\gamma_Q = 1.35$　对于施工荷载,不利时(有利时取 0);

$\gamma_Q = 1.50$　对于所有其他可变作用,不利时(有利时取 0)。

对于施工期间的项目状况,同见 EN 1991-1-6。

[*1]当使用配重时,可考虑其特征的变异性,例如,通过下述的一种或两种推荐规则:

—当配重(如冰箱)不明确时,使用分项系数 $\gamma_{G,inf} = 0.8$;

—当配重明确时,通过将现重的位置设定为一个相当于桥梁尺寸的比例以考虑其位置的变化。对于架设中的钢桥,通常将配重位置的变化取为 ±1m。

[*2]对于悬臂梁的横梁,如果施工充分可控,$\gamma_{G,sup} = 1.02$,$\gamma_{G,inf} = 0.98$。

注 2:对于连续梁桥支座隆起的验算,或者静力平衡验算还涉及结构构件的抗力[例如:通过稳定性系统或装置(如锚具、锁具或附加柱)防止失去静力平衡]时,可以采用基于表 A2.4(A)(NA)的组合验算,来替代基于表 A2.4(A)(NA)和表 A2.4(B)(NA)的两种独立验算。

γ 值的推荐值为:

永久作用:

$\gamma_{G,sup} = 1.35$　$\gamma_{G,inf} = 1.25$ [*1]

前提是对于永久作用的有利部分和不利部分,均采用 $\gamma_{G,inf} = 1.00$ 时不产生更不利的效应。

可变作用:

$\gamma_Q = 1.35$　对于公路和行人交通作用,不利时(有利时取 0);

$\gamma_Q = 1.45$　对于铁路交通作用,不利时(有利时取 0);

$\gamma_Q = 1.50$　对于持久设计状况的所有其他可变作用,不利时(有利时取 0);

$\gamma_Q = 1.35$　对于所有其他可变作用,不利时(有利时取 0)。

在 EN 1997-1 中给出了岩土工程作用的分项系数。

[*1]对于悬臂梁,如果施工充分可控,$\gamma_{G,sup} = 1.35$,$\gamma_{G,inf} = 1.30$。

表 A2.4(B)(NA)　作用设计值(STR/GEO)(B 组)

<table>
<tr><td rowspan="2">持久和短暂设计状况</td><td colspan="2">永久作用</td><td rowspan="2">预应力</td><td rowspan="2">主导可变作用[*]</td><td colspan="2">伴随可变作用[*]</td></tr>
<tr><td>不利</td><td>有利</td><td>主要(如果有)</td><td>其他</td></tr>
<tr><td>式(6.10)</td><td>$\gamma_{Gj,sup}\ G_{kj,sup}$</td><td>$\gamma_{Gj,inf}\ G_{kj,inf}$</td><td>$\gamma_p P$</td><td>$\gamma_{Q,1} Q_{k,1}$</td><td></td><td>$\gamma_{Q,i}\ \psi_{0,i}\ Q_{k,i}$</td></tr>
<tr><td colspan="7">[*]可变作用为表 A2.1(NA)、表 A2.2、表 A2.3(NA)中考虑的作用。</td></tr>
</table>

注 1:式(6.10)仅用来确定作用设计值和(STR/GEO)作用组合。

注 2:对于持久设计状况,所有公路桥梁、人行桥、铁路桥梁的 γ 值采用:

永久作用

自重[*1]　$\gamma_{G,sup}=1.35$　$\gamma_{G,inf}=1.00$

上部结构　$\gamma_{G,sup}=1.35$　$\gamma_{G,inf}=1.00$

土体自重　$\gamma_{G,sup}=1.35$　$\gamma_{G,inf}=1.00$

静力效应　$\gamma_{G,sup}=1.20$　$\gamma_{G,inf}=1.00$

预应力　γ_P在 Eurocodes 条款 A2.3.1(8)或者个别项目中定义

土体位移[*][2*]　$\gamma_{G,sup}=1.35$　$\gamma_{G,inf}=1.00$

收缩[*]　$\gamma_{G,sup}=1.00$　$\gamma_{G,inf}=1.00$

徐变[*]　$\gamma_{G,sup}=1.00$　$\gamma_{G,inf}=1.00$

[*]如果根据设计 Eurocodes 不需要考虑时,$\gamma_{G,sup}=0.00$　$\gamma_{G,inf}=0.00$

可变作用

公路交通作用(gr1a, gr1b, gr2,gr5)　$\gamma_Q=1.35$ (有利时取0)

行人或自行车道作用(gr3, gr4)　$\gamma_Q=1.35$ (有利时取0)

桥台及其附近墙壁承受额外交通量时的土压力　$\gamma_Q=1.35$ (有利时取0)

铁路交通作用[*3]　$\gamma_Q=1.45$ (有利时取0)

风荷载　$\gamma_Q=1.50$ (有利时取0)

温度作用　$\gamma_Q=1.50$ (有利时取0)

施工荷载　$\gamma_Q=1.50$ (有利时取0)

其他可变作用[*4]　$\gamma_Q=1.50$ (有利时取0)

[*1]当可以精确了解自重在结构中的影响时,在施工过程中可以减小 $\gamma_{G,sup}$系数。确定这些影响需要安装仪器以及可以缓和这些应力的有效构件。因此,必须在具体项目中定义这些有效构件和 γ_G值。

[*2]对于桥梁,一般情况下,与土体位移相关的 γ_{Gset}系数遵守以下规则:

$\gamma_{Gset}=1.35$,当不均匀沉降作用的影响不利时;

$\gamma_{Gset}=0.00$,当不均匀沉降作用的影响有利时。

对于支承处翘起的强迫变形,比如,要对具体项目明确规定作用以及要使用的系数 γ 值。

但是,如果需要的话,也可以引入以下分项系数:

可能的土体沉降[*]

线性分析　$\gamma_{G,sup}=1.20$　$\gamma_{G,inf}=1.00$

非线性分析　$\gamma_{G,sup}=1.35$　$\gamma_{G,inf}=1.00$

偶然性土体沉降[*]　$\gamma_{G,sup}=0.00$　$\gamma_{G,inf}=0.00$

支座竖向强迫位移　$\gamma_{G,sup}=1.00$　$\gamma_{G,inf}=1.00$

[*]根据设计 Eurocodes,如不需要考虑土体沉降时,取 $\gamma_{G,sup}=1.00$,$\gamma_{G,inf}=1.00$。

[*3]对于铁路桥梁,表 A2.4(B)(NA)中给出的系数 γ 值适用于以下作用之外的情况,对于下面各作用的系数 γ 值取值如下:

$\gamma_Q=1,35$,当 Q 代表由铁路交通的荷载组 16、17 和 SW/2 产生的不利作用时(有利时取 0);

当 Q 代表由铁路交通和荷载组 26 和 27 时,$\gamma_Q=1.35$,可用于 SW/2 模型相关的交通作用各分量;$\gamma_Q=1.45$,可用于荷载模型 LM71、SW/0 和 HSLM 相关的交通作用各分量。

表 A2.4(B)(NA)(续)

持久和短暂设计状况	永久作用		预应力	主导可变作用(*)	伴随可变作用(*)	
	不利	有利			主要(如果有)	其他
式(6.10)	$\gamma_{Gj,sup}\ G_{kj,sup}$	$\gamma_{Gj,inf}\ G_{kj,inf}$	$\gamma_P P$	$\gamma_{Q,1} Q_{k,1}$		$\gamma_{Q,i}\ \psi_{0,i}\ Q_{k,i}$
(*)可变作用为表 A2.1(NA)、表 A2.2、表 A2.3(NA)中考虑的作用。						

(*4)其他可变作用:土、道砟、气动等作用产生的可变水平推力。

注 3:同一来源的所有永久作用的标准值,在总作用效应不利时乘以 $\gamma_{G,sup}$,有利时乘以 $\gamma_{G,inf}$。例如,结构自重引起的所有作用可视为同一来源;如果涉及好几种材料时,这一条同样适用。参见 EN 1990/A1 中 A2.3.1(2)。

注 4:对于特殊验算,γ_G 和 γ_Q 可以细分为 γ_g、γ_q 和模型不确定系数 γ_{Sd}。对于特殊验算,γ_{Sd} 取值可针对具体项目确定,否则,应参考设计 Eurocodes (EN 1992-2 中 5.7-105)取值。EN 1997-1 中也给出了岩土工程作用作用的分项系数。

注 5:对于 EN 1997 未涵盖的由水(例如流水)产生的作用,使用的作用组合可针对具体项目确定。

条款 A2.3.1 表 A2.4(C)

使用的系数 γ 值采用表 A2.4(C)中的建议值。

条款 A2.3.2 承载能力极限状态——偶然和地震设计状况的作用设计值

条款 A2.3.2(1)表 A2.5 注

(*)当偶然作用为公路桥梁支座上或者桥面板拱腹受到突然撞击时,主要伴随可变作用取其准永久值。

当偶然作用为铁路桥梁支座上或者铁路桥梁面板拱腹受到突然撞击时,主要伴随可变作用取其频遇值。

当偶然作用为火灾时,主要伴随可变作用通过 EN 1991-1-2 国家附件给出定义。

主要伴随可变作用在具体项目中也可进行修改。

对于人行桥,需要预先考虑被破坏的结构物产生共振的荷载类型(可参考人行桥指南——SETRA/AFGC-2006)。

当结构的主要偶然作用为静水效应产生的作用时,水力作用与项目的偶然位置(建设或者运营过程中)以及相对应的偶然水位有关[参见本国家附件条款 A2.2.6(1)]。当土体含水率假定处于静水平衡或者准平衡状态时,应用于水力作用的相应分项系数取 1.0(同见国家附件 EN 1997-1 条款 2.4.6.1)。

对于结构物防撞设施上的撞击力,作用组合在 EN 1991-2 的 4.7.3.3 及其国家附件中给出定义。

对于可调节和可替换的钢绞线的偶然断裂作用,参见 EN 1993-1-11 的 2.3.6 对应的国家附件。

(＊＊)可变作用为表 A2.1(NA)、表 A2.2 和表 A2.3(NA)中给出的值。

(＊＊＊)特殊地震设计状况可针对具体项目确定。

对于公路桥梁的地震设计状况，长期可变作用取准永久值，仅对于交通量密集的结构物系数 $\psi_{2,1}$ 取 0.20。在具体项目中应明确：桥梁为设计对象时，是否将其作为重交通构造物考虑。

对于铁路桥梁的地震设计状况，长期可变作用取准永久值，除了重交通量路段，系数 $\psi_{2,1}$ 取 0.30。具体项目应明确设计中的桥梁是否作为重交通量的对象来考虑。

注：对于铁路桥梁和公路桥梁，非地震状况下的所有作用，宜采用表 A2.5 建议的设计值 $\gamma = 1.0$ 。

条款 A2.4.1 正常使用和其他特殊极限状态——一般规定

条款 A2.4.1 注 1 表 A2.6

对于交通作用和其他作用，使用的系数 γ 值为表 A2.6 中建议的设计值。

条款 A2.4.1 注 2

本国家附件中未规定公路桥梁和铁路桥梁的非频遇作用组合。

铁路桥梁的具体项目可事先考虑地震正常使用极限状态，即检验在较低地震作用下结构使用状态下的性能。与该地震正常使用极限状态(所考虑的地震等级、所遵守的变形标准)相关的规定可针对具体项目确定。

条款 A2.4.1(2)注：正常使用和其他特定极限状态——一般规定

使用状态下的性能要求和相关标准在本国家附件和 A2.4.2、A2.4.3 中有所规定。同样，在具体项目中可进行调整。在 EN 1991-2 中也规定了某些要求。

条款 A2.4.3.2 正常使用和其他特定极限状态——行人舒适性准则

条款 A2.4.3.2(1)注

需考虑的舒适性准则为 SETRA/AFGC 方法指南中规定的，《人行桥：行人作用下的振动性能评估》规定了舒适性和精确加载的准则，以及人行桥动态分析的整套方法。附件 A2(规范性)中定义的准则未考虑一些结构物所遇到的不可避免的同步现象。

条款 A2.4.3.2(2)

人行天桥的扭转方式主要是由竖向作用力引起的。因此对于扭转振动,要考虑的频率等级应扩大至 5Hz。对于纯侧向振动(无弯矩—扭矩耦合),2.5Hz 的极限值仍然有效。更多详情参见前述指南。

条款 A2.4.4.1(1)注 3 正常使用和其他特定极限状态——与铁路桥梁变形和振动相关的验算——一般规定

临时桥面板尺寸计算需考虑变形限值,针对具体项目确定。

条款 A2.4.4.2.1(4)P 正常使用和其他特定极限状态——与铁路桥梁变形和振动相关的验算——交通安全准则——桥面板的竖向加速度

采用本条给出的数值和频率限值。

条款 A2.4.4.2.2 表 A2.7 注 正常使用和其他特定极限状态——与铁路桥梁变形和振动相关的验算——交通安全准则——桥面板扭曲

对于标准轨距的轨道的支撑结构,本条中采用推荐扭曲限值 t;对于非标准轨距的轨道的支撑结构,针对具体项目确定取值。

条款 A2.4.4.2.2(3) P 正常使用和其他特定极限状态——与铁路桥梁变形和振动相关的验算——交通安全准则——桥面板扭曲

总轨道扭矩限值(无交通作用引起的扭矩和交通作用引起的扭矩)采用 t_T = 7.5mm/3m。

条款 A2.4.4.2.3(1) 正常使用和其他特定极限状态——与铁路桥梁变形和振动相关的验算——交通安全准则——桥面板竖向变形

对于有砟或无砟且承受 LM 71、SW/0 和 SW/2 荷载模型的桥梁，沿每条轨道量测的变形，当构造物仅有 1 条车道时，沿每条车道测量的变形值为 $L/600$；当结构物有 2 条车道且其中 1 条车道加载时，该值限定为 $L/800$。

条款 A2.4.4.2.3(2) 正常使用和其他特定极限状态——与铁路桥梁变形和振动相关的验算——交通安全准则——桥面板竖向变形

对于无砟结构，EN 1991-2 的国家附件中规定了需要满足的条件。

条款 A2.4.4.2.3(3) 正常使用和其他特定极限状态——与铁路桥梁变形和振动相关的验算——交通安全准则——桥面板竖向变形

可针对具体项目确定角位移的附加限值。

EN 1991-2 的 6.5.4 同样规定了限值。

条款 A2.4.4.2.4(2) 表 A2.8 注 3 正常使用和其他特殊定限状态——与铁路桥梁变形和振动相关的验算——交通安全准则——桥面板横向变形和振动

本条宜采用 α_i 和 r_i 的建议值。

条款 A2.4.4.2.4(3) 正常使用和其他特定极限状态——与铁路桥梁变形和振动相关的验算——交通安全准则——桥面板横向变形和振动

侧向振动一阶自振频率 f_{h0} 应大于 1.2Hz。

条款 A2.4.4.3.2(6) 正常使用和其他特定极限状态——与铁路桥梁变形和振动相关的验算——针对乘客舒适性的最大竖向挠度限值——乘客舒适性验算的挠度准则

针对具体项目确定临时桥面板的乘客舒适性要求。